Bibliografische Information der Deutschen Nationalbibliothek:

Die Deutsche Bibliothek verzeichnet diese Publikation in der Deutschen Nationalbibliografie; detaillierte bibliografische Daten sind im Internet über http://dnb.d-nb.de/ abrufbar.

Impressum:

Druck und Bindung: Books on Demand GmbH, Norderstedt Germany
ISBN: 9783638778312

Dieses Buch bei GRIN:

http://www.grin.com/de/e-book/26925/tagesexkursion-wasgauer-felsenland

Joachim Dieterich

Tagesexkursion, Wasgauer Felsenland

GRIN Verlag

Universität Koblenz Landau, Abteilung Landau
Abteilung Geographie, Institut für Naturwissenschaften und Wissenstransfer

Tagesexkursion, Wasgauer Felsenland

Joachim Dieterich

Inhaltsverzeichnis

DAS WASGAUER FELSENLAND 1

Landschaft und Namensgebung 1

Der Pfälzerwald 1

Das Wasgauer Felsenland 2

Geologische Struktur und Reliefgestaltung 3

Strukturwandel in der Landwirtschaft 3

Strukturwandel in der Landwirtschaft 4

Die Entwicklung der Landwirtschaft im 19. Jahrhundert 4

Strukturveränderungen in der Landwirtschaft bis 1945 5

Nach dem Zweiten Weltkrieg: von der Landbewirtschaftung zur Landespflegung 5

Hartstein- und Natursteingewinnung 7

Die Schuhindustrie 9

Der Pfälzerwald: Naturpark und Biosphärenreservat 11

LITERATURVERZEICHNIS ..... A

BILDVERZEICHNIS ..... A

Das Wasgauer Felsenland

Landschaft und Namensgebung[1]

Der Pfälzerwald

Der Name „Pfälzerwald“ wurde von einem Komitee zwischen 3. und 7. August 1843 festgelegt (siehe Abbildung rechts, Quelle[1]).

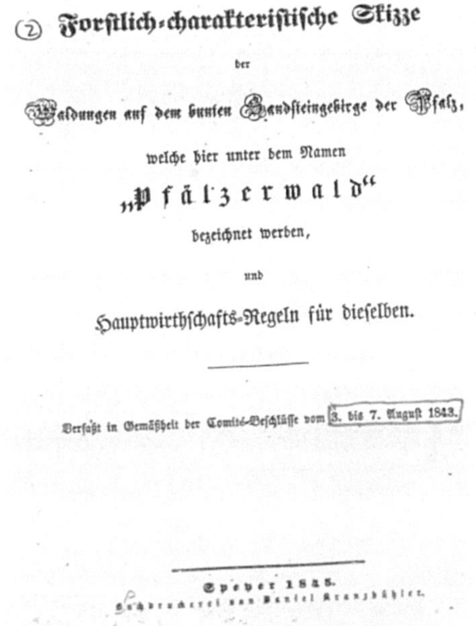

(2) Forstlich-charakteristische Skizze

der

Waldungen auf dem bunten Sandsteingebirge der Pfalz,

welche hier unter dem Namen

„Pfälzerwald“

bezeichnet werden,

und

Hauptwirthschafts-Regeln für dieselben.

Verfaßt in Gemäßheit der Comité-Beschlüsse vom 3. bis 7. August 1843.

Speyer 1845.

Buchdruckerei von Daniel Kranzbühler.

1931 versuchte GRADMANN für das gesamte pfälzisch-elsässische Buntsandsteingebirge, den Begriff „Wasgauwald“ zu etablieren. Dieser Begriff taucht schon früher bei Cäsar, Plinius u.a. auf.

Der heutige Begriff „Wasgau“ ist auf den gleichen Sprachstamm zurückzuführen, auf den sich GRADMANN bezog. Dieser tauchte erst im 16. Jahrhunderts auf und steht für das Gebiet des südlichen Pfälzerwaldes, ursprünglich stand er aber wahrscheinlich für ein politisches Gebiet, zu dem auch ein Teil der Rheinebene gehörte.

Im Jahre 1953ff. versuchte man den Begriff „Pfälzerwald“, der von der einheimischen Bevölkerung fast ausschließlich verwendet wurde, durch den Begriff „Haardgebirge“ zu ersetzen. Dieser Versuch kann aber als gescheitert angesehen werden.

[1] Reh, K., 1981, S. 380, auf: Geiger, M., Das Wasgauer Felsenland, Exkursion am 26.06.2004.

Das Wasgauer Felsenland

Das Wasgauer Felsenland ist wie oben schon erläutert der südliche Teil des Pfälzerwaldes und umfasst eine Fläche von 530km². Der Begriff Wasgauer Felsenland kann mit dem des Dahner Felsenlands gleichgesetzt werden, wobei der des Wasgauer Felsenlands besser scheint, da das Felsenland nicht nur auf die Region um Dahn beschränkt ist.

Begrenzt wir der Wasgau im Norden durch die Städte Annweiler und Pirmasens und damit durch die Bundesstraße B10 bzw. der Queich. Im Süden begrenzt die französische Grenze den Wasgau, der dort in die Nordvogesen übergeht. Die Fläche des Wasgaus misst in Ost-West-Richtung 30 km, von Norden nach Süden 20 km.

Das Landschaftsbild des Wasgaus ist geprägt durch seine weiträumigen Täler und Verebnungen mit kuppelförmigen Bergen. Auffallend sind die kleinen Parzellen, die aus der Realerbteilung resultieren. Die höchste Erhebung im Wasgau ist der Rehberg ist mit seinen 577m. Durch die Ausräumungsvorgänge währen der Eiszeiten treten im Wasgau markante Bergkämme und bizarr geformte Felsgebilde auf. Der Wasgau gilt als die vielgestaltigste Buntsandstein-Landschaft Deutschlands.

Die Böden des Wasgaus sind verglichen mit der fruchtbaren Rheinebene recht nährstoffarm. Das Klima dagegen ist mild und im Winter kann man, falls Schnee fällt, hier sogar Wintersport betreiben. Ein weiteres beliebtes Ziel sind die Thermalquellen in Bad Bergzabern.

Die Täler des Wasgaus sind weit ausgeräumt, und auch die geschlossene Bewaldung von 80% wird durch Rodungsinseln unterbrochen. Die Felsklippen im Wasgau geben der Region eine charakteristische Prägung.

Ein weiteres charakteristisches Merkmal des Wasgaus sind seine einzigartigen Burgen. Alleine im Raum Dahn befinden sich mehrere Burgen (Altdahn, Grafendahn, Tanstein, Neudahn, Drachenfels [Abbildung unten], Berwartstein und Wegelnburg).

Geologische Struktur und Reliefgestaltung[2]

Hier am Beispiel des „Glöckinger Steinbruchs".

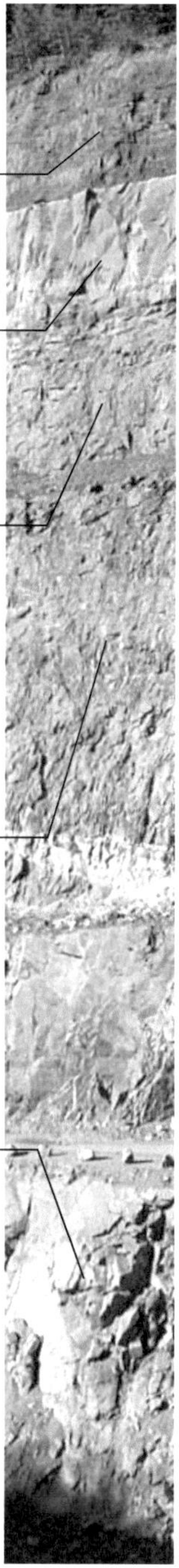

Unterer Buntsandstein: Gestein aus dem Erdmittelalter (Mesozoikum). Das Gestein wurde früher zum Burg- und Hausbau benutzt. Heute nutzt man es im Steinbruch KUHN als Auffüllmaterial.

Arkosesandstein: Diese Schicht aus Schutt-Sedimenten ist wenig verfestigt und damit von geringem wirtschaftlichen Interesse.
Das Gestein entstand in der Zeit des oberen Rotliegenden und schließt die paläozoische Gesteinsfolge ab.

Andesit: Der Andesit wurde früher auch als Melahyr, Olivin-Porphyrit oder Mandelstein bezeichnet. Er hat eine graubraune bis violettrote Färbung und eine hohe Dichte. Das vulkanische Gestein hat Einsprenglinge von Quarz, Feldspat und Olivin. Durch Blasenbildung beim Erkalten der Lava lassen sich im Andesit Karneol, Achat, Bergkristall, Amethyst, Kalkypat und andere Mineralien finden. Inzwischen ist das Sammeln jedoch in Steinbrüchen untersagt.

Permo-karbone Landoberfläche: Hier kam es während der Zeit des Rotliegenden zur Ablagerung einer bis zu 7m dicken Schicht vulkanischen Tuffen und Arkosen (feldspat- und glimmerreiche sandsteinartige Sedimente, die den verfestigten Verwitterungsschutt darstellen).
In dieser Schicht sind auch geringe Mengen Gold vorhanden (zwischen 20 und 35g/t). Diese Menge ist jedoch zu gering um das Gold wirtschaftlich abzubauen.

Granodiorith: magmatisches Tiefengestein. Es entstand während der variskischen Gebirgsbildung im Paläozoikum (Karbon) durch eine Magamintrusion. Das Gestein hat eine makrokrisalline Struktur, diese ist durch das langsame abkühlen in der Tiefe bedingt. Die Hauptbestandteile des Gesteins sind Quarz, weißer oder rötlicher Feldspat und Glimmer. FRENZEL (1969) ordnet das Gestein zwischen Granit und Diorit ein.

[2] Geiger, Michael, *Steinbrüche im Kaiserbachtal*, in: Pfälzerwald 2/2002.

Strukturwandel in der Landwirtschaft[3]

In der Siedlungs- und Nutzungsstruktur des Pfälzerwalds lässt sich eine Dreiteilung erkennen:

1. **Der nördliche Pfälzerwald:** Hier wird die landwirtschaftliche Nutzung vor allem durch die auf den Triefels-Schichten des Buntsandstein auflagernden Lößlehmschleinern begünstigt.
2. **Der mittlere Pfälzerwald:** Hier wurden die meisten Siedlungen durch die Ansiedlung von gewerblichen Aktivitäten sowie der Forstwirtschaft gegründet. Lediglich im Zuge der spätmittelalterlichen Rodungen entstanden, bedingt durch eiszeitliche Höhenlehme und Lößschleier, am Westrand einige Höhendörfer.
3. **Der südliche Pfälzerwald (Wasgau):** Die breiten Ausraumzonen, die durch die flächenbildenden Gesteine des Oberrotliegenden und Unteren Buntsandsteins bedingt sind, begünstigen die Bildung größerer landwirtschaftlicher Nutzflächen. Auch wird dadurch die Bildung agrarisch geprägter Haufendörfer begünstigt.

Die Entwicklung der Landwirtschaft im 19. Jahrhundert

Betrachtet man die Landwirtschaft im Pfälzerwald, muss man diese immer in Beziehung mit der Forstwirtschaft sehen.
1798 wurde die freie Teilbarkeit des Bodens gesetzlich genehmigt. Dies führte in den folgenden Generationen zu einer Besitzersplitterung, die die Landwirtschaft nachhaltig beeinflusste. So bearbeiteten um 1900 ca. 60% der landwirtschaftlichen Betriebe weniger als 2ha. Insgesamt wurden nur noch 15% der landwirtschaftlichen Nutzfläche bearbeitet.
Im ersten drittel des 19. Jahrhunderts nahm die landwirtschaftliche Nutzfläche zu, da der bayerische Staat die Allmenden aufteilte. Folgen waren zum einen die Gründung neuer landwirtschaftlicher Betriebe, zum anderen durch den Wegfall der Waldweide der Futteranbau. Damit trat automatisch der Wechsel von der Dreifelderwirtschaft zur Fruchtwechselwirtschaft ein.
In der Mitte des 19. Jahrhunderts wurde die landwirtschaftliche Nutzung von „Wilderungen" durch die bayrische Regierung verboten. Dies hatte eine flächenhafte Zunahme des Waldes zur folge. Verstärkt wurde dieser Prozess auch durch die Auswanderung größerer Bevölkerungsteile während der Industrialisierung.
Mit der Industrialisierung des Wasgaus verwandelte sich die Landwirtschaft von der Selbstversorgungwirtschaft zur zusätzlichen Einnahmequelle. 1886 wurde in Hauenstein die erste

[3] Bender, Rainer Joha, *Die Landschaft in Vergangenheit und Gegenwart*, in: Geiger, Michael [Hrsg.], *Der Pfälzerwald, Porträt einer Landschaft*, Verlag Pfälzischer Landeskunde, 1987, S.183ff.

Schuhfabrik in der Region gegründet. Um 1900 dominierte die Schuhindustrie den gesamten Pirmasenser Raum. 1930 beschäftigte waren schon 18000 Menschen in der Schuhindustrie beschäftigt.

Strukturveränderungen in der Landwirtschaft bis 1945

Im nördlichen Pfälzerwald ist die Landwirtschaft heute noch als Haupterwerb vertreten, im mittleren und südlichen Pfälzerwald verlor sie nach der Jahrhundertwende an Bedeutung. Die Frage warum die Landwirtschaft trotz schlechten Bedingungen im südlichen Pfälzerwald nie ganz Aufgegeben wurde lässt sich einfach beantworten. Die Schuhindustrie bot zwar viele Arbeitsplätze, diese waren oft jedoch saisonal, hatten ein niedriges Lohnniveau und waren zudem konjunkturell bedingt. Daher wurde die Landwirtschaft als zusätzliche Einnahmequelle genutzt. Gerade Heimarbeiter hatten die Möglichkeit in der Landwirtschaft zusätzlich zuverdienen. Daher war der Anteil der Betriebe unter 2ha bis 1925 bei fast 100%.
Merkmale dieser Extensivierungsvorgänge waren die Abnahme von Großviehbeständen, bei gleichzeitiger Zunahme von Ziegen, Schafen und Schweinen. Zudem besteht ein hoher Anteil an Hackfrüchten sowie Grünland auf den landwirtschaftlichen Nutzflächen.

Nach dem Zweiten Weltkrieg: von der Landbewirtschaftung zur Landespflegung

Bis zum Beginn der 60er Jahren lässt sich eine Abnahme der Betriebe zwischen 2 und 5ha erkennen, Kleinstbetriebe sind dagegen in einer Vielzahl vertreten. Diese reduzieren sich erst nach 1960. Dies macht deutlich, dass die Landwirtschaft noch bis 1960 als Zuerwerbseinnahmequelle genutzt wurde. Die Abnahme nach 1960 ist vor allem durch das verschwinden der Heimarbeit bedingt, zudem wurden Frauen jetzt auch in industrielle Betrieben voll angestellt.
Die dadurch brachliegenden Flächen wurden verpachtet oder verkauft. Seit 1960 ist eine zweite Phase der Wiederbewaldung zu erkennen, die auf die zunehmende Verbrachung der Landschaft zurückzuführen ist. Die Verbrachung ist jedoch nicht in allen Gebieten gleich stark ausgeprägt. In Rumbach und Busenberg wird noch intensive Landwirtschaft betrieben, was auf je drei Vollerwerbsbetriebe und je einen Aussiedlerhof zurückzuführen ist.
Durch das Schwinden der Landwirtschaft ist die Offenhaltung der Täler vor allem im südlichen Teil des Pfälzerwald nicht mehr garantiert und muss durch landschaftspflegerische Maßnahmen unterstütz werden.

Nur durch solche Zuschüsse kann z.B. Michael Keller, Schäfer in der Region um Erfweiler, seinen Beruf ausüben. Er benötigt für seine Herde seine 10ha Eigenland und zusätzliche 170ha die er zugepachtet hat. Seine Haupteinnahmequelle ist dabei das Fleisch der Tiere. Die Gewinne der Rohwolle und die Scherkosten heben sich gegenseitig auf. Als Zuschüsse erhält er pro Schaf 28€. Dafür muss er die Schafe mindestens 90 Tage im Jahr auf benachteiligten Flächen weiden lassen. Abzüge abgerechnet verdient Michael Keller pro Schaf etwa 25€.

Die Abbildung zeigt Schafe der Herde von Michael Keller, den wir bei der Exkursion besuchten. Der Schäferhund ist für den Schäfer eine unverzichtbare Hilfe beim Weiden der Herde im offenen Gelände, da die meisten Flächen nicht eingezäunt sind.

Hartstein- und Natursteingewinnung[4]

Im 19. Jahrhundert setzte der Abbau magmatischen Gesteins durch dauerhaft beschäftigte Arbeitnehmer im Kaiserbachtal ein. Hier sind auf einer nur 2 km langen Strecke mehrere Steinbrüche angelegt worden, da sich das anstehende Gestein sehr gut abbauen lässt. Das hier gewonnene Bruchmaterial wird vor allem im Straßen-, Wege- und Eisenbahnbau verwendet.

Man gab, nachdem die mechanisierte Gewinnung von Rheinkies möglich und preisgünstiger wurde, den Betrieb der Steinbrüche im Kaiserbachtal im Jahr 1965 auf.

Das Unternehmen KUHN (Abbildung rechts) nahmen 1980 den „Glöckinger Steinbruch" in der Waldhambacher Gemarkung in Betrieb, um sich, nachdem die Konzessionen zur Gewinnung von Rheinkies restriktiver vergeben wurden, ein zweites Standbein zu verschaffen.

Die Abbauwand hat inzwischen eine Höhe von 55m erreicht. Wirtschaftlich interessant ist vor allem der Abbau des Granodiorits und des Andesits. Aus diesen beiden Gesteinen wird dann Splitt und Schotter unterschiedlicher Korngröße gemischt. Auch werden Bruchsteine, die vor allem im Wasserbau zur Uferbefestigung benötigt werden, aus dem Gestein heraus gebrochen. Inzwischen arbeiten im Betrieb der Firma KUHN 16 Angestellte, die den Abbau vollautomatisch mit Muldenkipper, Schaufelbagger, Brechanlagen, Siebtürmen und Förderbänder verrichten. Das abgebaute Gesteinsvolumen beläuft sich je nach Nachfrage auf ca. 500000t pro Jahr. Den Abbaurekord erreichte das Unternehmen im Jahre 1989 mit 660000t, bedingt durch den Ausbau der A65 zwischen Landau und Neustadt.

[4] Geiger, Michael, *Steinbrüche im Kaiserbachtal*, in: Pfälzerwald 2/2002.

Das Absatzgebiet ist durch die hohen Transportkosten sehr stark beschränkt und liegt bei etwa 40-60km.

Die Schuhindustrie[5]

Die Schuhindustrie im Pirmasenser Raum kam nach 1790 durch den Tod des Landgraf Ludwig IX auf. Dieser lies seine Untergebenen völlig verarmt und mittellos zurück. Die Einwohnerzahl von Pirmasens sank schlagartig um die Hälfte seiner Einwohner auf 4000 Personen, da viele die Stadt wegen ihrer fehlenden Arbeitsmöglichkeiten verließen. Jedoch bot der Raum um Pirmasens nicht einmal für die verbleibenden 4000 Einwohner genügend Arbeit. Die Bevölkerung fing also an nach neuen Erwerbsmöglichkeiten zu suchen.

Unter den in Pirmasens (zurück)gebliebenen befanden sich auch einige Militärschuster die aus Tuchresten und billigen Rosshäuten Schuhe fertigten, die man aber eher als Schlappen bezeichnen sollte. Dafür waren sie jedoch recht billig und fanden eine wachsende Zahl Abnehmer.

In den folgenden Jahren wuchs die Schuhindustrie rasend, nicht zuletzt weil es durch die neue Gewerbefreiheit sehr einfach war ein Gewerbe anzumelden.

Vermarktet wurden die Schuhe, bei denen man anfangs allerdings noch nicht in Paaren produzierte, von Frauen und Mädchen. Diesen Schuhmädchen ist es im eigentlichen zu verdanken, dass sich die Schuhindustrie so gut entwickelte, denn nicht das Herstellen war das Problem, sondern die Vermarktung!

In der Mitte des 19. Jahrhunderts wurden die in Pirmasens hergestellten Schuhe in den umliegenden Ländern vermarktet und sogar nach Übersee verschifft. Die Schuhmädchen verkauften dort die Schuhe und brachten neue modische Trends mit.

1850 wurde die Nähmaschine erfunden und fand schnell Einzug in den Fabriken. Auch Maschinen zum Stanzen und zum befestigen der Sohle usw. kamen hinzu.

Um 1900 siedelte sich die Schuhindustrie auch in den umliegenden Gemeinden an. 1899 gab es in Pirmasens bereits 120 finanziell gesicherte Schuhfabriken in den zwischen 14000 und 15000 Menschen Arbeit fanden.

1938 waren im Raum Pirmasens 380 Schuhfabriken angesiedelt, welche behaupten durften, jeden dritten Inlandsschuh hergestellt zu haben. Dabei waren die einzelnen Betriebe meist von kleiner oder mittlerer Größe.

Während des 2. Weltkrieges wurde die Schuhindustrie auf Militärschuhe und Kriegsmodelle umgestellt. Frauen übernahmen die Arbeit der Männer an Stanzen, Fräsen und Zwickmaschinen. Nach Kriegsende wurde Pirmasens französisch besetzt. Dadurch wurde der Absatzmarkt stark eingeschränkt. Trotzdem schaffte es die Region, sich wieder zur Deutschen Schuhmetropole zu

---

[5] Mädrich, Hanni, *Die Schuhindustrie*, in: Geiger, Michael [Hrsg.], *Der Pfälzerwald, Porträt einer Landschaft*, Verlag Pfälzischer Landeskunde, 1987, S. 207ff.

entwickeln. Inzwischen findet hier auch die alle drei Jahre durchgeführte „Internationale Messe für Schuhfabrikationen“ statt.

Aber nicht nur die Schuhfabriken profitierten aus dem Schuhverkauf, sondern auch die Zulieferer der Fabriken (z.B.: chemische Industrie).

In den Jahren nach 1960 wurde die Produktion kontinuierlich gesteigert, wobei die Beschäftigungszahl bei 32000 Arbeitnehmern stagnierten. Das Rekordjahr der Schuhproduktion war das Jahr 1969 mit 61,8 Millionen produzierten Schuhpaaren. Heute liegt die Produktion nur noch bei ca. 40% dieses Wertes. Das Absinken der Konjunktur erklärt sich durch die billigen Importe aus Italien, Spanien, Portugal, Ostblockstaaten und Asien.

Die Zahl der Beschäftigen ist inzwischen auf 14000 gesunken und auch die Anzahl der Fabriken sank auf 130. Auch lassen immer mehr Firmen ihre Schuhe im Ausland produzieren, wo es billigere Arbeitskräfte verfügbar sind. In Pirmasens hängt heute immer noch jede zweite Familie direkt oder indirekt von der Schuhindustrie ab. Durch den ständigen Rückgang der Schuhproduktion ist die Existenz vieler Familien in Pirmasens gefährdet, vor allem, da Pirmasens keine wirtschaftlichen Alternativen aufweisen kann. Nichts desto trotz wird Pirmasens bei der Produktion deutscher Schuhe immer mitbeteiligt sein.

Die Abbildung ist aus der Gläsernen Fabrik (Josef Seibel) in Hauenstein.
Hier kann man bei der Produktion von Schuhen zusehen.

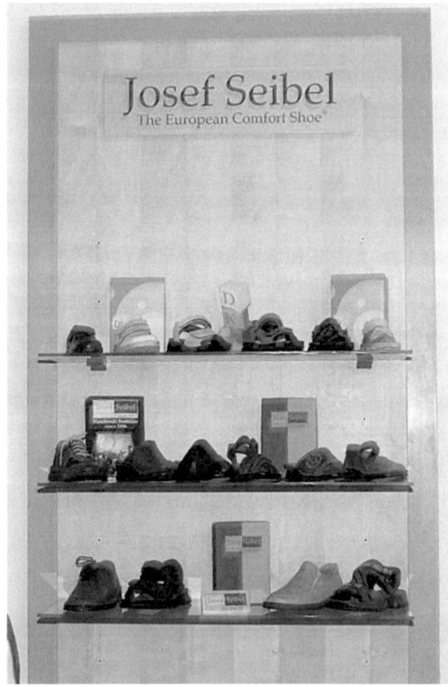

Der Pfälzerwald: Naturpark und Biosphärenreservat[6]

Der Naturpark Pfälzerwald, 12. Biosphärenreservat in Deutschland wurde im November 1992 anerkannt. Er ist das vierte Biosphärenreservat im Mittelgebirge und umfasst eine Fläche von 179800ha. Damit ist der Naturpark Pfälzerwald das größte terrestrische Biosphärenreservat in Deutschland. Es ist, rechnet man das Biosphärenreservat Nordvogesen hinzu, noch bedeutend größer (+120000ha) als oben angegeben.
Das Biosphärenreservat Pfälzerwald vertritt in Deutschland das Südwestdeutsche Schichtstufenland. Die Begrenzung des Biosphärenreservats ist identisch mit den Grenzen des Naturpark Pfälzerwald. Die Fläche wird zusätzlich in vier Teilräume unterteilt:

- Den mittleren Pfälzerwald
- Den nördlichen Pfälzerwald
- Den südlichen Pfälzerwald (Wasgau)
- Den mittleren Abschnitt der Weinstraßenlandschaft

Das Biosphärenreservat ist zudem noch in verschiedene Zonen eingeteilt:

1. **Die Kernzonen:** Sie umfassen 0,8% der Gesamtfläche und bestehen aus 15 Teilflächen auf denen die ungestörte Entwicklung der Natur höchste Priorität hat. Es handelt sich hierbei um Naturwaldreservate und Naturschutzgebiete.
2. **Die Pflegezone:** Sie umfasst 28,9% der Gesamtfläche. Diese Zone liegt im südlichen Teil des Pfälzerwald, also dem Wasgau und schließt direkt an das Biosphärenreservat Nordvogesen an. Sinn der Pflegezone ist die Pflege und Erhaltung der Kulturlandschaft.
3. **Die Entwicklungszone:** Sie nimmt mit ihren 70,3% die größte Fläche ein. Zu ihr gehören der mittlere und nördliche Pfälzerwald und der mittlere Teil der Weinstraße. In dieser Zone wird umweltschonende Landnutzung praktiziert.

[6] Geiger, Michael und Friedrich, Eckhard, *Biosphärenreservate: Beispiel Naturpark Pfälzerwald*, in: Praxis Geographie, 12/1994.

Literaturverzeichnis

Bender, Rainer Joha, *Die Landschaft in Vergangenheit und Gegenwart*, in: Geiger, Michael [Hrsg.], *Der Pfälzerwald, Porträt einer Landschaft*, Verlag Pfälzischer Landeskunde, 1987, S.183ff.

Geiger, Michael und Friedrich, Eckhard, *Biosphärenreservate: Beispiel Naturpark Pfälzerwald*, in: Praxis Geographie, 12/1994.

Geiger, Michael, *Steinbrüche im Kaiserbachtal*, in: Pfälzerwald 2/2002.

Mädrich, Hanni, *Die Schuhindustrie*, in: Geiger, Michael [Hrsg.], *Der Pfälzerwald, Porträt einer Landschaft*, Verlag Pfälzischer Landeskunde, 1987, S. 207ff.

Reh, K., 1981, S. 380, auf: Geiger, M., Das Wasgauer Felsenland, Exkursion am 26.06.2004.

Bildverzeichnis

Dieterich, Joachim, 26.06.2004 wenn nicht anders angegeben.